NOTICE

SUR LES

TRAVAUX SCIENTIFIQUES

DE

M. G. DE LONGCHAMPS

PROFESSEUR DE MATHÉMATIQUES SPÉCIALES AU LYCÉE SAINT-LOUIS

PARIS

IMPRIMERIE ET LIBRAIRIE CENTRALES DES CHEMINS DE FER

IMPRIMERIE CHAIX

SOCIÉTÉ ANONYME AU CAPITAL DE CINQ MILLIONS

Rue Bergère, 20

1894

PRÉFACE

En présentant cette notice, nous tenons à dire comment nous avons été amené à la publier. On connait le but ordinaire des brochures de cette nature; celle-ci n'est pas dans ce cas.

Un résumé des travaux que nous avons fait paraître dans les journaux mathématiques auxquels nous avons collaboré nous a été demandé, dans plusieurs occasions, par diverses personnes qui ont fait valoir près de nous l'intérêt manifeste qui s'attache aux notices scientifiques. C'est qu'en effet, on nous l'a fait observer et nous nous rangeons assez volontiers à cet avis, il n'y aurait peut-être pas de répertoire plus sûr et d'une consultation plus rapide que celui qui serait constitué par un ensemble de notices. Au moment où, devant la production incessante et toujours croissante des mémoires mathématiques, on cherche une méthode de classement qui permette de se retrouver quelque peu, et par des procédés divers, dans cet encombrement, on ne saurait imaginer, il est juste de le reconnaître, un guide meilleur qu'un volume de notices.

En publiant celle-ci, nous avons simplement, en déférant au désir qu'on nous avait fait connaître, cherché à donner un exemple que nous souhaitons voir imité. Sans cette explication, cette brochure n'aurait évidemment aucune raison d'être.

1er mai 1894.

NOTICE

sur les

TRAVAUX SCIENTIFIQUES

DE

M. G. DE LONGCHAMPS

PROFESSEUR DE MATHÉMATIQUES SPÉCIALES AU LYCÉE SAINT-LOUIS

PARIS

IMPRIMERIE ET LIBRAIRIE CENTRALES DES CHEMINS DE FER

IMPRIMERIE CHAIX

SOCIÉTÉ ANONYME AU CAPITAL DE CINQ MILLIONS

Rue Bergère, 20

1894

NOTICE

SUR LES

TRAVAUX SCIENTIFIQUES

DE

M. G. DE LONGCHAMPS

ANNÉE 1864

1. Revue des Sociétés savantes (p. 321 à 325).

« M. Serret présente au Comité la note suivante, dont l'auteur est M. de Longchamps, élève à l'École normale supérieure.

» Cette note, a dit M. Serret, se résume par un théorème général intéressant qui se rapporte à des systèmes quelconques de lignes droites situées dans un même plan et à diverses séries de circonférences corrélatives (*) ».

L'expression de *Circonférences corrélatives*, employée ici par M. Serret, doit être entendue dans son sens le plus général. Pour éviter toute confusion, le terme de *Circonférences associées* eût été préférable. Ce travail, le premier que nous ayons publié, nous a donné, plus tard, l'idée de la *Géométrie récurrente*.

ANNÉE 1866

2. Nouvelles Annales de mathématiques.

Étude de géométrie comparée avec applications aux sections coniques et aux courbes d'ordre supérieur, particulièrement à une famille de courbes du sixième ordre et de la quatrième classe (p. 118 à 128).

Cette étude peut être considérée comme le point de départ de la *transformation par transversales réciproques*, transformation développée dans le mémoire cité au paragraphe suivant.

(*) Extrait du numéro du 6 mai 1864 de la *Revue des Sociétés savantes*.

3. Annales scientifiques de l'École normale supérieure (t. III).

Mémoire sur une nouvelle méthode de transformation en géométrie (p. 321 à 342)

Dans ce mémoire, qui a été quelquefois cité par ceux qui se sont intéressés à la géométrie comparée, et plus particulièrement par ceux qui ont touché à la géométrie du triangle, se trouvent développées les deux méthodes de transformation que nous avons appelées : *Méthode par transversales réciproques* et *Méthode par points réciproques*.

Voici comment Chasles s'est exprimé à son propos dans le *Rapport sur les progrès de la géométrie*, publié en 1870 (p. 372).

« M. Gohierre de Longchamps, professeur de l'Université, a complété *(Mém. cité)* la théorie des figures dans lesquelles, à une courbe d'ordre m, correspond une courbe d'ordre $2m$ douée de trois points multiples d'ordre m, situés en trois points fixes. Il a fait connaître la classe de celle-ci ».

Chasles reproduit ensuite la démonstration donnée dans le mémoire. Celui-ci contient, incidemment, la recherche des centres de gravité dans les polygones complets ; ce point se rattache plus directement à la géométrie des masses et à la géométrie récurrente.

ANNÉE 1877

4. Giornale di matematiche dal prof. G. Battaglini (30 p.).

Sur les fractions étagées.

Lorsque $n + 1$ nombres sont écrits sur une ligne verticale et séparés par des traits horizontaux : ce symbole n'a un sens bien déterminé que si les traits séparatifs des nombres ont des longueurs inégales. De cette idée, en donnant aux traits toutes les longueurs possibles, on déduit de nombreuses propriétés pour les nombres correspondants.

Ed. Lucas, dans sa *Théorie des nombres*, t. Ier, p. 148, a donné, sans citer le présent mémoire, la notion des fractions étagées. A moins que nous n'ayons été précédé dans cette voie, ce que nous ignorons, nous croyons pouvoir réclamer la priorité de l'idée des fractions étagées et des théorèmes que nous avons donnés dans le mémoire en question.

5. Comptes rendus des séances de l'Académie des Sciences de Paris (19 novembre 1877).

Sur la décomposition en facteurs premiers des nombres $2^n \pm 1$.

Application du système binaire à la recherche des facteurs de $2^n \pm 1$. On montre comment, par un calcul mécanique, n'exigeant d'autre effort qu'une écriture suffisante et consistant uniquement dans le *déplacement* d'un nombre écrit dans le système binaire, on peut trouver les facteurs premiers des très grands nombres.

6. Annales scientifiques de l'École normale supérieure.

Sur les nombres de Bernoulli (p. 55 à 80).

Dans ce mémoire, les nombres de Bernoulli se trouvent rattachés à des nombres x_n qui se calculent, par voie récurrente, au moyen de la formule
$$(2n + 1)x_n = x_1 x_{n-1} + x_2 x_{n-2} + \ldots + x_{n-1} x_1 ,$$
développement présentant un caractère remarquable, tous les coefficients des termes qui figurent dans le second membre ayant pour coefficient l'unité.

Nouvelle Correspondance mathématique.

7. *Note sur la série harmonique (p. 145).*

La *Nouvelle Correspondance* donne *(loc. cit.)* un court extrait de cette note, qui a été publiée, ensuite, dans le *Bulletin de l'Académie royale de Belgique*. On y trouve diverses applications du procédé que l'on appelle aujourd'hui la *méthode indienne* (*) et dont la fécondité nous avait alors particulièrement frappé.

8. *Note de géométrie (p. 306, 340).*

Elle reproduit, avec des développements nouveaux, quelques-uns des résultats publiés dans les mémoires 1, 3, cités plus haut. C'est la note qui donnera naissance à ce que nous avons nommé, plus tard, la *Géométrie récurrente*.

(*) Voyez Ed. Lucas, *Théorie des nombres*, page 231.

Association française pour l'avancement des Sciences
(Comptes rendus du Congrès du Havre).

9. *Note sur l'intégration d'une équation aux différences finies.*

L'équation étudiée est, dans la notation ordinaire,

$$(n + 1)u_n = 1 + (n - 1)u_{n-1}.$$

La méthode suivie consiste à ramener l'équation proposée à une autre équation *de même forme*. La solution semble ainsi rester stationnaire. Mais on observe qu'en répétant cette opération, on introduit finalement une constante entière, arbitraire, dont on peut disposer pour résoudre l'équation.

10. *Sur la surface romaine de Steiner.*

Dans la transformation par *plans réciproques*, à un point correspond une surface de Steiner. Il résulte, de ce point de départ, une étude intéressante de cette remarquable surface, étude que nous n'avons pas encore publiée, en ce moment, et au sujet de laquelle nous avons indiqué seulement certains résultats, lors du congrès de 1877.

ANNÉE 1878

Nouvelle Correspondance mathématique.

11. *Sur les fonctions* U_n, V_n *de M. Ed. Lucas* (p. 83).

Signalement d'une propriété remarquable de ces fonctions permettant de les rattacher à la fonction exponentielle.

12. *Théorèmes sur les normales aux coniques à centre* (p. 279 à 281).

Énoncés de dix-sept théorèmes sur les normales aux coniques. Parmi ces énoncés se trouve le complément du théorème de Joachimsthal, complément qui avait été donné par Laguerre, un peu avant, mais qui n'était pas, alors, à notre connaissance.

13. *Sur les questions 406, 412* (p. 390).

À propos de ces questions relatives aux normales, il est indiqué des théorèmes plus généraux sur les cercles osculateurs partant d'un point pris sur une conique.

Journal de Mathématiques élémentaires (p. 197).

14. *Sur le minimum d'une expression à deux variables.*

Nouvelles Annales de mathématiques (p. 101).

15. *Sur le binôme de Newton.*

Association française pour l'avancement des Sciences.
(Comptes rendus du Congrès de Paris) (p. 49 à 53).

16. *Sur les normales aux coniques.*

Propositions diverses. L'équation, aujourd'hui classique, du cercle de Joachimsthal, est établie dans cette note, pour la première fois croyons-nous. Il est probable que Laguerre était arrivé au théorème complémentaire, cité plus haut, grâce à cette équation. Mais il n'a pas fait connaître son procédé de démonstration.

ANNÉE 1879

Nouvelle Correspondance mathématique.

17. *Sur les conchoïdales* (p. 145 à 150).

Dans cette note, la construction des conchoïdes, points par points, se trouve généralisée. On montre comment, par un procédé systématique, on peut construire, par application du principe des transversales réciproques, la tangente à quelques courbes historiques : le *cissoïde*, la *strophoïde*, la *lemniscate de Bernoulli*, la *conchoïde de Nicomède*, le *limaçon de Pascal*. Ces constructions ont été d'ailleurs reproduites dans notre *Géométrie analytique* (p. 17 et suiv.).

18. *Sur les cubiques unicursales* (p. 403 à 409).

Cette note fait suite à la précédente. Elle signale un cas où le théorème de M. Zahradnik est en défaut, théorème dans lequel on considère les cubiques unicursales comme des cissoïdes relatives à une conique et à une droite de son plan.

**

Nouvelles Annales de mathématiques.

19. *Sur une limite des racines réelles d'une équation de degré quelconque.*

Exposition d'une méthode nouvelle, dite *par décomposition en trinômes,* permettant de trouver, dans beaucoup de cas, une limite moins élevée que celle qui correspond aux méthodes ordinaires. On trouvera une note, au sujet de cette méthode, dans la *Nouvelle Correspondance,* 1880, p. 38.

ANNÉE 1880

Journal de Mathématiques élémentaires et spéciales.

20. *Recherche des facteurs commensurables d'une équation de degré quelconque*
(p. 41, 70).

Résolution du problème qui consiste à trouver les diviseurs de degrés quelconques, d'un polynôme à coefficients commensurables; les coefficients du diviseurs étant, eux-mêmes, commensurables.

21. *Sur la somme des puissances semblables des n premiers nombres* (p. 92 à 97).

C'est une application de la méthode indienne; elle avait déjà été utilisée dans le mémoire n° 6, dans un autre but.

22. *Transversales réciproques et applications* (p. 272 à 278).

Extension de la méthode des transversales réciproques à la cissoïde et à la strophoïde obliques.

Nouvelles Annales de mathématiques.

23. *Sur le centre et le rayon de courbure en un point d'une conique* (p. 68 à 71).

Constructions diverses du centre de courbure. On trouvera dans la *Nouvelle Correspondance* (1880, p. 222) d'autres développements donnés par nous sur cette question. Nous citerons aussi, sur le même sujet, la question proposée dans le *Journal de Mathématiques spéciales* (1894, p. 72).

24. *Théorème d'algèbre* (p. 71 à 74).

Ce théorème perfectionne, dans beaucoup de cas, les règles ordinaires, et notamment celle donnée par Laguerre, ou qui lui est attribuée.

Annales scientifiques de l'École normale supérieure.

25. *Sur les intégrales eulériennes de seconde espèce* (p. 419 à 427).

Établissement par une méthode nouvelle de la formule qui a servi à Gauss pour définir les intégrales, avec applications diverses.

Association française pour l'avancement des Sciences.
(Comptes rendus du Congrès de Reims.)

26. *Sur les fonctions récurrentes du troisième degré* (p. 115 à 118).

27. *Sur les séries récurrentes proprement dites et sur un théorème de Lagrange*
(p. 91 à 96).

Dans cette note, se trouve une importante modification au théorème de Lagrange relatif à l'intégrale des équations aux différences finies. Lagrange exigeait la *résolution de l'équation génératrice*, résolution généralement impossible. Cette résolution n'est pas nécessaire; l'intégrale, mise sous une forme convenable, est, en effet, *une fonction symétrique des racines de l'équation génératrice*.

ANNÉE 1881

Journal de Mathématiques élémentaires et spéciales.

28. *Note de géométrie analytique.*

Une équation du quatrième degré étant donnée, représentant deux circonférences, trouver les équations de chacune d'elles.

29. *Sur la série de Taylor.*

Démonstration directe de la série de Taylor pour une fonction entière. Cette démonstration aurait été, d'ailleurs, trouvée précédemment par Ampère.

Une erreur s'est glissée, non dans cette démonstration, qui est des plus simples et des plus correctes, mais dans celle que nous avons donnée à la suite, pour une fonction quelconque. Nous sommes heureux de la signaler ici. La quantité θ étant fonction de x, l'analyse donnée par nous (*loc. cit.*) n'est pas correcte, bien qu'elle conduise, résultat assez étrange, à la formule ordinaire.

30. *Résolution géométrique de deux problèmes du quatrième degré.*

Les problèmes considérés dans cette note ont pour but de construire une parabole dans certaines conditions. Ils sont du quatrième degré, mais ils appartiennent à la géométrie de la règle.

ANNÉE 1882

Journal de Mathématiques spéciales.

31. *Courbes diamétrales et transversales réciproques* (p. 25 à 29).

Application des transversales réciproques à la construction des tangentes aux courbes considérées sous le nom de *diamétrales* et qui représentent une généralisation du lieu décrit par le milieu d'un segment passant par un point fixe, limité à deux courbes données.

32. *Transformation réciproque* (p. 49, 77, 97, 121, 145, 193).

Dans cette transformation, deux points correspondants sont en ligne droite avec un pôle fixe et sont vus, d'un autre pôle fixe, sous un angle droit. Elle appartient au groupe de transformations du genre Magnus, elle conduit en particulier à une construction remarquablement simple des coniques, points par points.

Journal de Mathématiques élémentaires.

33. *Équations quadratiques* (p. 156 et 169).

34. *Note d'analyse indéterminée* (p. 193).

$$-\ 13\ -$$

Solutions entières des équations :

$$x^2 + py^2 = z^3,$$
$$x^2 + y^3 = z^3,$$
$$x^2 - py^2 = z^4,$$
$$qx^2 + py^2 = z^5,$$
$$qx^2 + py^2 = 1.$$

35. *Sur les équations réciproques.*

36. *Sur les égalités et les inégalités simultanées.*

ANNÉE 1883

Journal de Mathématiques spéciales.

37. *Résolution algébrique des équations du troisième degré* (p. 102).

La méthode conduit à une résolvante du second degré. Une note de M. Ed. Lucas *(loc. cit.,* p. 174) attribue la priorité de cette méthode à Twining. M. Hermite l'a exposée lui-même, comme le fait observer encore Ed. Lucas, dans la théorie des formes cubiques binaires, en suivant une voie différente.

38. *Sur une nouvelle espèce de fractions continues* (p. 193, 217, 241, 269).

Ces fractions se rattachent à deux intégrales de l'équation aux différences finies

$$U_n - 2pU_{n-1} + qU_{n-2} = 0.$$

La note débute par une démonstration du théorème de Lagrange relatif aux intégrales des équations

$$U_n + A_1 U_{n-1} + \ldots + A_p U_{n-p} = 0,$$

démonstration que nous avions rapidement indiquée au Congrès de Reims et dans laquelle nous établissons, point important, signalé d'ailleurs au § 27, qu'il n'est pas nécessaire, pour avoir l'intégrale générale, de connaître les racines de l'équation génératrice, comme on l'avait cru jusqu'alors.

Journal de Mathématiques élémentaires.

39. *La géométrie récurrente* (p. 3, 25, 49, 73, 121).

Dans ce mémoire, les idées, encore confuses, qui se dégagent des notes 1, 3, 8, sont présentées sous une forme didactique, étendues à des cas nouveaux, et, finalement, constituent un tout formant la base de la géométrie récurrente.

40. *Théorème d'arithmétique* (p. 145).

Le double d'un carré, augmenté de l'unité, peut, d'une infinité de façons, être un carré; il n'est jamais égal à un bicarré.

41. *Note sur l'ellipse* (p. 193).

C'est une application de la transformation réciproque.

Ouvrage séparé.

42. *Cours d'algèbre.*

Un vol. in-8° de 670 pages. Chez Delagrave.

ANNÉE 1884

Journal de Mathématiques spéciales.

43. *Sur une nouvelle espèce de fractions continues* (p. 25, 49).

Suite du mémoire cité plus haut.

44. *Sur un mémoire de M. Landry* (p. 73, 97).

45. *Applications nouvelles des transversales réciproques* (p. 121, 145).

Extension de la méthode de construction des tangentes, par application du principe des transversales réciproques, à des courbes très générales.

46. *Sur l'hypocycloïde à trois rebroussements* (p. 169).

La courbe est étudiée en la considérant comme unicursale. Les propriétés connues sur cette courbe y sont facilement démontrées. La construction du centre de courbure y est donnée, pour la première fois, croyons-nous. Cette construction est indiquée dans Kœhler : *Exercices de géométrie analytique,* p. 347, l. Ier, sans indication d'origine; retrouvée par lui, probablement.

47. *Représentation plane des quadriques* (p. 193, 217, 241, 265).

Application aux quadriques des formules qui permettent de considérer ces surfaces comme *omaloïdales*, suivant l'expression de M. Sylvester et de M. Cremona. Aujourd'hui, on les nomme, plus volontiers, *unicursales*. Dans ce mémoire, on montre comment on peut faire une *géométrie ellipsoïdale* analogue à la *géométrie sphérique*, et traiter, avec la même facilité que pour la sphère, tous les problèmes qui intéressent l'ellipsoïde.

Journal de Mathématiques élémentaires.

48. *Sur la moyenne harmonique* (p. 7 à 11).

49. *Sur le problème de Pell* (p. 15 à 20).

Ouvrages séparés.

50. *Géométrie analytique à deux dimensions.*
1 vol., 536 p. Chez Delagrave.

51. *Géométrie analytique à trois dimensions.*
1 vol., 410 p. Chez Delagrave.

ANNÉE 1885

Journal de Mathématiques spéciales.

52. *Sur les courbes parallèles et quelques autres courbes remarquables*
(p. 131, 153, 176, 199, 226, 249, 269).

Dans cette série d'articles, diverses générations de courbes sont envisagées et le tracé des tangentes s'obtient par la considération des transversales réciproques.
La suite de ce travail a paru en 1886, *loc. cit.* (p. 11, 53, 151, 200).

Association française pour l'avancement des Sciences.
(Comptes rendus du Congrès de Grenoble).

53. *Intégration de certaines suites récurrentes* (p. 94 à 100).

Les équations considérées dans cette note sont de la forme
$$U_n + A_1 U_{n-1} + A_2 U_{n-2} + \ldots + A_k U_{n-k} = \varphi(n),$$
$\varphi(n)$ étant un polynôme entier. Lorsque $\varphi(n)$ est identique à zéro, on retombe

sur le cas classique, celui que Lagrange a résolu au moyen de l'équation génératrice.

La note se termine par l'intégration de *l'équation récurrente homographique.*

54. *Les cubiques circulaires unicursales* (p. 131 à 135).

Toutes les cubiques à point double, passant par les ombilics du plan, peuvent être engendrées à la manière des conchoïdales. De ce point de départ résultent diverses conséquences développées dans cette note.

Ouvrage séparé.

55. *Supplément* (1re édition).

1 vol. de 172 p. Chez Delagrave.

ANNÉE 1886

Journal de Mathématiques spéciales.

56. *Sur un nouveau cercle remarquable du plan d'un triangle* (p. 57, 85, 100, 126).

57. *Sur la conique de Kiepert* (p. 77, 231).

Journal de Mathématiques élémentaires.

58. *Généralités sur la géométrie du triangle* (p. 109, 127, 154, 177, 198, 229, 243, 270).

Association française pour l'avancement des Sciences.
(Comptes rendus du Congrès de Nancy).

59. *Les points d'inflexion dans les cubiques circulaires unicursales droites* (p. 5 à 12).

Cette note fait suite à celle du Congrès de Grenoble; les points d'inflexion en question sont déterminés par des constructions qui ressortent de la géométrie de la règle et du compas.

60. *Une conique remarquable du plan d'un triangle* (p. 69 à 83).

Quelques idées générales de transformation, notamment celle de la *transformation homographique instantanée*, qui permet de doubler, sans effort, toutes les propriétés de la géométrie du triangle, sont exposées au début de cette note. L'une de ces transformations conduit à une conique, liée au triangle, et jouissant de propriétés remarquables. On peut, au sujet de cette conique, se reporter à un article de Catalan (*Journal de Mathématiques spéciales*, 1893, p. 28).

Mathesis (p. 246 à 249).

61. *Sur la potentielle triangulaire.*

Étude rapide de la courbe qui passe par tous les points potentiels du plan d'un triangle.

<hr>

ANNÉE 1887

Journal de Mathématiques spéciales.

62. *Sur le trifolium* (p. 203, 220).

Comptes rendus de l'Académie de Prague.

63. *Rapprochement entre la trisectrice de Mac Laurin et la cardioïde*
(p. 601 à 608).

Cette note, présentée par le D⁣ʳ Studnicka, dans la séance du 28 octobre 1887, établit, entre autres choses, une construction très simple du rayon de courbure à la cardioïde et à la trisectrice.

Comptes rendus des séances de l'Académie des Sciences
(7 mars 1887).

64. *Sur la rectification de la trisectrice de Mac Laurin au moyen*
des intégrales elliptiques.

En adoptant une génération remarquablement simple de la trisectrice, on obtient une équation qui permet de rectifier cette courbe au moyen d'une fonction algébrique et des intégrales elliptiques de première et de deuxième espèce; ou, par transformation, à un terme algébrique et à l'intégrale de seconde espèce, sous la forme que lui a donnée M. Weierstrass.

Mathesis (p. 127 à 170).

65. *Sur la rectification de quelques courbes remarquables.*

Cette note fait suite à celle qui précède. On y montre que *toute cubique circulaire unicursale* (droite ou oblique) *est rectifiable par des arcs de conique.*

La kreuzcurve générale, la kreuzcurve normale, la cissoïde, la rosace, le folium double, etc..., sont rectifiables par des transcendantes ordinaires ou par des intégrales elliptiques.

Comptes rendus de l'Académie des Sciences (4 avril 1887).

66. *Rectification des cubiques circulaires unicursales droites au moyen des intégrales elliptiques.*

Cette note généralise les résultats obtenus dans la précédente.

ANNÉE 1888

Journal de Mathématiques spéciales.

67. *Démonstration du théorème fondamental des développées* (p. 109 à 111).

Mathesis.

68. *Sur une trisectrice remarquable* (p. 6 à 11).

La courbe étudiée dans cette note est la transformée par polaires réciproques de l'hypocycloïde à trois rebroussements.

69. *Sur les normales aux coniques.*

Comptes rendus de l'Académie de Prague.

70. *Sur la transformation orthotangentielle dans le plan et dans l'espace* (p. 241 à 257).

Dans cette note présentée par le Dr Studnicka, dans la séance du 8 juin 1888, est étudiée une transformation dans laquelle à une droite correspond une droite; les droites correspondantes sont rectangulaires et se coupent sur un axe fixe, donné.

ANNÉE 1889

Journal de Mathématiques spéciales.

71. *Sur la convergence des factorielles* (p. 13 à 18).

Établissement du critérium connu, en répondant à certaines objections que soulèvent les démonstrations ordinaires.

Journal de Mathématiques élémentaires.

72. *Sur les égalités à deux degrés* (p. 171 et 195).

Le général Frolov a nommé (*) égalités à n degrés celles qui peuvent être vérifiées dans les conditions suivantes :

En désignant par :

$$a_1, a_2, \ldots a_p,$$

une première série de nombres; par

$$x_1, x_2, \ldots x_p.$$

une seconde série, on doit avoir :

$$\Sigma a = \Sigma x, \qquad \Sigma a^2 = \Sigma x^2, \ldots \qquad \Sigma a^n = \Sigma x^n.$$

La note en question indique simplement quelques procédés pour établir les égalités à deux degrés.

Mathésis.

73. *Sur le cercle de Joachimsthal* (p. 153 à 157).

De l'équation du cercle de Joachimsthal, on peut déduire un nombre indéfini de théorèmes. Celui de Joachimsthal n'est que le premier échelon de cette suite. D'autres conséquences sont indiquées dans cette note.

Mémoires couronnés et mémoires des savants étrangers (publiés par l'Académie royale de Belgique t. Ier, II).

74. *Les fonctions pseudo et hyper-Bernoulliennes.*

Ce mémoire, présenté à la classe des sciences dans la séance du 2 mars 1889, est une contribution très élémentaire, mais très fertile, croyons-nous, à la solution du problème de l'intégration des équations différentielles.

Dans le premier chapitre, après les définitions préliminaires. on trouve le développement en séries des fonctions ordinaires. On y parvient au moyen d'une formule fondamentale, laquelle, par un simple changement d'une fonction appelée *clef*, donne, successivement, plusieurs développements en séries. Le calcul est simple, autant, du moins, que le comportent les questions traitées. Les intégrales elliptiques, les fonctions $\sin x$, $\cos x$, l'exponentielle, les polynômes de Legendre sont ainsi rattachés à une même formule.

Dans le deuxième chapitre, *en changeant la clef*, on obtient les *fonctions*

(*) *Comptes rendus*, séance du 19 novembre 1888.

pseudo-Bernoulliennes. Avec les nombres pseudo-Bernoulliens, on obtient les développements en séries des fonctions tg x, tg hyp x, x cotg x, x cotg hyp x, x cosec x, sec x.

En modifiant encore la clef, on arrive, dans le troisième chapitre, aux *fonctions hyper-Bernoulliennes*. Le fait saillant de ce troisième chapitre est l'intégration de l'équation de Riccati, dans le cas le plus général.

Liouville a donné autrefois cette intégrale par un *quotient* de deux séries; mais la question, traitée de cette façon, ne peut être considérée comme résolue. C'est comme si, pour établir le développement de tg x en série, on se contentait de donner celui de sin x et celui de cos x. En opérant ainsi, tout le champ Bernoullien, en analyse, fût resté inconnu.

Les fonctions hyper-Bernoulliennes donnent, sous la forme explicite de séries développées, les intégrales d'un grand nombre d'équations différentielles. Le mémoire en indique quelques-unes; notamment l'équation de Boole.

Revue générale des Sciences (p. 571).

75. *Sur la fonction hyper-Bernoullienne à clef du second degré et la fonction* p (u) *de M. Weierstrass.*

Avec une clef du second degré, on trouve que la fonction $p(u)$ de M. Weierstrass est une fonction hyper-Bernoullienne. Ce fait important ajoute à l'intérêt qui nous paraît devoir s'attacher à ces fonctions quand elles auront été mieux étudiées.

Ouvrage séparé.

76. *Algèbre* (2° édition, complètement refondue; 1 vol. de 755 pages).

ANNÉE 1890

Journal de Mathématiques spéciales.

77. *Sur les paraboles de M. Artzt* (149 à 154).

Mathésis.

78. *Sur le tétraèdre orthocentrique* (p. 49 et 77).

Les hauteurs d'un tétraèdre forment, en général, un *quadruple hyperboloïdique*. Lorsqu'elles se rencontrent, leur point de concours est l'orthocentre du tétraèdre qui prend, dans ce cas, le nom de tétraèdre orthocentrique. Cette famille de tétraèdres jouit de nombreuses propriétés encore peu étudiées. Les formules essentielles à cette étude et quelques conséquences sont exposées dans cette note.

Ouvrage séparé.

79. *Essai sur la géométrie de la règle et de l'équerre* (1 vol., 366 pages, chez Delagrave).

Cet ouvrage, comme le dit la préface, n'est qu'un simple chapitre d'une géométrie qui n'est pas encore écrite, et qu'on pourrait nommer *Traité de géométrie pratique.*

L'ouvrage est divisé en deux parties : la première traite des questions intéressant le tracé des courbes. C'est ainsi que les coniques, les cubiques unicursales circulaires et non circulaires, les courbes historiques, le folium de Descartes, la serpentine, le trident de Newton, la cubique d'Agnesi, la cubique conchoïdale, le folium parabolique, le folium double, le limaçon de Pascal, le folium droit, les quartiques pyriformes, ...sont successivement étudiés.

Dans la seconde partie, celle qui vise les tracés effectués sur les terrains et les applications de la géométrie à l'art de la guerre, on aborde des problèmes divers : la largeur de la rivière, le problème de l'obstacle, la distance au point inaccessible et les problèmes très nombreux qui s'y rattachent, la distance de deux points inaccessibles, le problème de la capitale, les problèmes d'artillerie, etc.

Association française pour l'avancement des Sciences (Comptes rendus du congrès de Limoges).

80. *Intégration de l'équation de Brassine au moyen des fonctions hyper-Bernoulliennes* (p. 146 à 153).

Dans le mémoire cité plus haut (§ 74), nous avions considéré le cas où la *clef* était de la forme $an + b$. En prenant une clef du second degré de la forme $an^2 + bn + c$, on obtient le développement en série d'une intégrale particulière. On en déduit l'intégrale générale.

Ouvrage séparé.

Supplément (2ᵉ édition, 1 vol. de 240 p.).

ANNÉE 1891

Journal de Mathématiques spéciales.

81. *Sur les déterminants troués* (p. 9, 29, 54).

Lorsque certains éléments d'un déterminant sont nuls, le nombre des termes du déterminant développé se trouve diminué. Il y a lieu de rechercher, dans les différents cas, le nombre effectif de termes. Le problème paraît être d'une nature particulièrement délicate, mais il comporte d'intéressantes applications. La note en question examine le problème dans quelques cas. Il a été repris, depuis, et résolu par M. Laisant *(Comptes rendus, 11 mai 1891)*.

82. *Sur la construction d'Enneper* (p. 276).

Au début de la théorie des fonctions elliptiques, on introduit un certain angle φ. Enneper, dans ses *Elliptischen Functionen Theorie*, indique, pour cet angle φ, une construction qui se trouve démontrée dans cette Note.

Journal de Mathématiques élémentaires.

83. *Sur les points et les droites de Feuerbach* (p. 106 à 109).

Mathesis.

84. *Sur la résolution des problèmes déterminés par la méthode des lieux géométriques* (p. 132 à 137).

Cette note, de nature pédagogique, écrite à propos d'un article publié par nous dans le *Bulletin scientifique*, généralise le procédé classique de la résolution des problèmes par la méthode des lieux géométriques. Le fond de l'idée développée dans ces deux notes peut être ainsi défini : transformer les formules, comme on transforme les courbes, avant d'appliquer la méthode des lieux géométriques. On peut ainsi faire correspondre des cercles à des courbes du quatrième degré, et résoudre avec le compas des problèmes qui, au premier abord, ne paraissaient pas susceptibles de cette solution simple.

El Progreso matematico.

85. *Exposition de la théorie des intégrateurs* (p. 73 et 97).

Association française pour l'avancement des Sciences
(Comptes rendus du Congrès de Marseille).

86. *Expression du rayon de courbure dans les coniques inscrites à un triangle de référence* (p. 11 à 23).

87. *Les sommets dans les courbes planes* (p. 23 à 38).

C'est le premier chapitre d'un travail que nous comptons poursuivre, et dans lequel nous nous proposons l'étude des infiniment petits géométriques qui peuvent prendre naissance dans l'espace infinitésimal qui entoure un point donné.

Cette étude doit être faite pour les points remarquables des courbes, et pour chacun d'eux, parce que les propriétés infinitésimales démontrées dans le cas d'un point quelconque, peuvent cesser d'être vraies pour ces points particuliers. Les infinitudes des infiniment petits ne sont pas les mêmes en tous les points d'une courbe. L'application de certains théorèmes classiques de la géométrie infinitésimale, dans des conditions où elle n'est plus permise, pourrait entraîner à des erreurs qui seront évitées en prenant les énoncés corrigés qu'indique le mémoire.

ANNÉE 1892

El Progreso matematico.

88. *Le calcul des séries convergentes* (p. 10 et 37).

Exposition de procédés permettant de calculer avec une approximation donnée une série convergente, non sommatoire.

ANNÉE 1893

Journal de Mathématiques spéciales.

89. *Sur la construction des tangentes à certaines courbes et notamment à l'atriphtaloïde* (p. 11, 31, 63).

90. *Sur l'intégrale* $\displaystyle\int \frac{dx}{\sin x \, (a + b \cos x)}$ (p. 9)

Association française pour l'avancement des Sciences
(Comptes rendus du Congrès de Besançon).

91. *Présentation d'un trisecteur.*

Il suffit d'ouvrir le compas sous l'angle donné. Un certain point se trouve alors mis en évidence, point qui appartient à l'une des deux trisectrices. En retournant l'instrument, on a la seconde trisectrice.

Le même principe permet de construire des compas au moyen desquels on pourrait partager un angle en n parties égales, quel que soit l'entier n.

92. *Arithmétique avec figures négatives.*

Une convention (*) permet de supprimer, dans l'écriture des nombres, les chiffres 6, 7, 8, 9, qui occasionnent les principales difficultés des opérations arithmétiques. L'idée paraît devoir produire d'intéressantes conséquences, intéressant les propriétés des nombres.

93. *Un théorème sur la géométrie des masses.*

Application des principes employés dans la géométrie des masses à l'établissement d'un théorème de géométrie récurrente.

94. *L'espace infinitésimal autour d'un point d'inflexion.*

Ce mémoire, qui sera prolongé, est lui-même la suite de celui que nous avons cité plus haut (n° 87). On y montre comment les infinitudes ordinaires sont *troublées* dans le voisinage d'un point d'inflexion.

El Progreso matematico.

95. *Sur l'infinitude des séries divergentes* (p. 17 et 131).

Les infiniment grands ont des infinitudes de diverses natures; ainsi : x, Lx, e^x, $x!$... sont des fonctions infiniment grandes avec x, mais dont les infinitudes ne sont pas de même espèce. Il y a lieu de rechercher, une série divergente étant donnée, quelle est son infinitude, et de distinguer, des autres, les séries *lentement divergentes*.

Ouvrage séparé.

96. *Supplément* (3° édition, complètement refondue, comprenant la Trigonométrie et la Mécanique; 1 vol. de 472 p. Chez Delagrave).

(*) D'après un renseignement que nous a donné M. Brocard, elle ne serait pas nouvelle. Mais nous n'avons pu encore, en ce moment, remonter aux sources indiquées.

IMPRIMERIE CENTRALE DES CHEMINS DE FER. — IMPRIMERIE CHAIX, RUE BERGÈRE, 20, PARIS. — 7236-3-94.

9 782019 948177